Técnicas de recolección de datos

DR. JOSÉ SUPO

Médico Bioestadístico

www.bioestadistico.com

Técnicas de recolección de datos – Cuando la unidad de estudio es un individuo

Primera edición: Enero del 2015

Editado e Impreso por BIOESTADISTICO EIRL
Av. Los Alpes 818. Jorge Chávez, Paucarpata, Arequipa, Perú.

Hecho el depósito legal en la Biblioteca Nacional del Perú.

N ° 2015-00005

ISBN: 1505896231
ISBN-13: 978-1505896237

DEDICATORIA

A los investigadores, que aportan al conocimiento y a la construcción del método investigativo...

A los que pretenden con la ciencia mejorar el mundo.

CONTENIDO

Presentación N° 1

Técnicas de recolección de datos

Para recolectar datos tanto en las ciencias de la salud como en las ciencias sociales, estamos acostumbrados a estudiar personas, llámense pacientes, clientes, usuarios, alumnos o trabajadores. En investigación la unidad de estudio no solamente son sujetos sino también objetos, pero en las ciencias de la salud y en las ciencias sociales, por lo general, estudiamos a sujetos.

Si la unidad de estudio es un sujeto, entonces, existen cinco técnicas de recolección de datos: documentación, observación, entrevista, encuesta y psicometría. En tu trabajo de investigación tendrás que utilizar por lo menos una de ellas; podrías utilizar dos, incluso podrías utilizar las cinco técnicas de recolección de datos, esto va a depender del número de variables analíticas que hayas incluido en tu estudio.

Por supuesto, lo menos que puedes tener en tu trabajo es una variable analítica; por lo tanto, deberías tener por lo menos una técnica de recolección de datos, pero si tienes dos o más variables analíticas, también podrías utilizar dos o más técnicas de recolección de datos.

Vamos a poner un ejemplo: supongamos que queremos hacer una correlación entre el rendimiento académico de los estudiantes y los niveles de depresión; supongamos que a menor rendimiento académico de los estudiantes, mayores niveles de depresión.

Es una relación en la cual no podemos identificar quién es causa de quién, es una correlación, entonces, necesitamos medir a ambas variables: rendimiento académico y depresión.

El rendimiento académico lo vamos a obtener de los archivos de los registros de la institución educativa, a esta técnica se le denomina documentación.

A la depresión la vamos a medir mediante un test, vamos a utilizar un instrumento documental que esté completamente validado, a esta técnica de recolección de datos se le llama psicometría. En nuestro ejemplo tenemos ya dos técnicas de recolección de datos, una para cada variable analítica: la documentación para el rendimiento académico y la psicometría para medir los niveles de depresión.

Con esto demostramos que es posible utilizar dos o más técnicas de recolección de datos en un mismo trabajo e incluso podríamos, en algunas circunstancias, utilizar las cinco técnicas de recolección de datos; habrá también ocasiones en que nuestro trabajo de investigación, aun cuando tenga dos o más variables analíticas, todas sean recolectadas con la misma técnica.

Las técnicas de recolección de datos no son excluyentes porque podemos utilizar una, dos, tres, cuatro o las cinco y esto es un buen punto de partida para diferenciar a las técnicas de recolección de datos con los tipos de investigación.

Algunas personas creen que las técnicas de recolección de datos se pueden utilizar para clasificar la información, pero esto no es cierto. Es un error cuando mencionamos o decimos que nuestro trabajo de investigación es de tipo documental, porque la documentación es una técnica de recolección de datos, no un tipo de estudio; los tipos de estudio, la clasificación de los estudios, utilizan criterios exhaustivos y excluyentes.

Recuerda, los estudios observacionales y experimentales son exhaustivos porque no existe otro tipo de estudio: o son observacionales o son experimentales, no hay un tercero en esta clasificación; y son excluyentes porque no hay un estudio que sea observacional y experimental al mismo tiempo.

De acuerdo a la manipulación que realiza el investigador sobre las unidades de estudio, si mencionamos otra clasificación, los estudios son prospectivos y retrospectivos.

No hay un estudio que sea prospectivo y retrospectivo al mismo tiempo porque esta clasificación se hace en función a la medición de la variable de estudio, y esta es única. Así que el estudio es retrospectivo o es prospectivo. Tampoco hay un estudio que sea los dos al mismo tiempo.

Si recordamos a los estudios como transversales y longitudinales, un trabajo de investigación tendrá que ser o transversal o longitudinal porque esta clasificación también se hace en función a la medición de la variable de estudio. Así que no habrá un trabajo de investigación que sea transversal y longitudinal al mismo tiempo, ni tampoco habrá un estudio que no sea transversal ni longitudinal.

Y, finalmente, los estudiosos descriptivos y analíticos. O son descriptivos o analíticos. No hay un estudio que sea ambos, ni tampoco hay un estudio que no sea ninguno de los dos. Y estas son las condiciones con las de clasificamos a la investigación. Son exhaustivos porque cubren todas las posibilidades, porque no hay un estudio que no sea ninguno de los dos.

Es como una moneda: o es cara o escudo. Tampoco hay un estudio que sea los dos al mismo tiempo: si lanzamos una moneda no es posible que caiga cara y escudo al mismo tiempo.

Las técnicas de recolección de datos por su lado no son ni exhaustivas ni excluyentes, porque tú puedes utilizar una o más técnicas de recolección de datos en tu trabajo de investigación. En el ejemplo que habíamos colocado acerca de la depresión y el rendimiento académico: para medir el primero utilizamos a la técnica llamada psicometría, y para el segundo utilizamos a la técnica llamada documentación.

Por lo tanto, no podemos decir que nuestro estudio sea de tipo "documental", porque también tendríamos que decir que es de tipo "psicometría", si de la técnica de recolección de datos nos vamos a guiar.

Pero esto, por supuesto, es un error. No podemos utilizar a las técnicas de recolección de datos para clasificar a los estudios, ni podemos decir que un trabajo de investigación es de un determinado tipo sólo porque se utilicen unas técnicas de recolección de datos en particular.

De las cinco técnicas de recolección de datos: documentación, observación, entrevista, encuesta y psicometría, en ese orden, solamente la primera es una técnica retrospectiva y las cuatro últimas son técnicas prospectivas. En buena cuenta, la documentación se utiliza para los estudios retrospectivos y la observación, entrevista, encuesta y psicometría se utilizan para los estudios prospectivos.

Así, podríamos plantear un primer punto de corte y dividir a las técnicas de recolección de datos en retrospectivas y prospectivas. La retrospectiva sería la documentación y las prospectivas serían la observación, entrevista, encuesta y psicometría.

Si seguimos avanzando en este orden natural que hemos colocado a las técnicas de recolección de datos y avanzamos una más, podemos hacer un siguiente punto de corte y agrupar a las técnicas de recolección de datos en comunicacionales (entrevista, encuesta y psicometría) y no comunicacionales (documentación y observación).

Es decir, para realizar una entrevista, encuesta o psicometría, necesitamos la colaboración del paciente, usuario, cliente, alumno o trabajador, necesitamos que nos responda, que reaccione frente a los estímulos que le vamos a provocar.

En cambio, en la documentación, donde se revisan archivos, el evaluado, en muchas ocasiones, ni siquiera se entera que ha sido parte de un trabajo de investigación; y en la observación, cuando observamos su conducta, comportamiento o medimos la talla y el peso de las personas, realmente no necesitamos colaboración por su parte.

Si seguimos avanzando un poco más, podríamos dar otro punto de corte y esta vez agrupamos a tres técnicas: documentación, observación y entrevista, en estas tres no existe un instrumento documental. En cambio, en la encuesta y psicometría existe un instrumento documental. Este es otro punto que podemos situar para dividir o clasificar a las técnicas de recolección de datos.

Así, cuando planeamos crear y validar instrumentos es porque estamos apuntando a estudios donde vamos a aplicar o la encuesta o la psicometría.

Siguiendo con esta misma secuencia, podríamos hacer un último punto de corte.

Esta vez agrupamos a las cuatro primeras y dejamos a la psicometría sola; es decir, agruparnos a la documentación, observación, entrevista y encuesta, donde se requiere necesariamente de la participación del investigador para realizar las mediciones o para recolectar la información; en la psicometría se utiliza un instrumento plenamente validado y podríamos prescindir del investigador, experto, especialista, siempre que nos haya dejado el instrumento completamente validado.

A continuación pasaremos a desarrollar a las técnicas de recolección de datos mencionadas con sus respectivas variantes y estrategias de recolección de datos.

Presentación N° 2

La documentación y los datos secundarios

Ahora, vamos a desarrollar a la técnica más básica que existe: documentación. Esta es una técnica muy fácil de ejecutar, muy sencilla de realizar; pero, a su vez, es la más inexacta porque está basada en la revisión de documentos.

La documentación corresponde a los estudios retrospectivos, donde la información que necesitamos para realizar nuestro estudio estaba previamente registrada. Retrospectivo significa que el investigador no ha realizado sus propias mediciones, que los datos con los que cuenta para hacer su análisis, el desarrollo de su trabajo de investigación, han sido registrados por personas ajenas a los propósitos de la investigación.

Por ejemplo, cuando hacemos la revisión de las historias clínicas, podemos encontrar el peso, la temperatura y la presión arterial de los pacientes; pero revisar la historia clínica no significa subir a los pacientes a una balanza, colocarles un termómetro o medirles la presión arterial con un tensiómetro, significa que nos vamos a copiar los datos que corresponden a mediciones realizadas por el médico que atendió al paciente en el pasado, en un momento anterior.

El investigador no realiza esas mediciones y, por lo tanto, no va a necesitar de los instrumentos mencionados, no necesita balanza ni tensiómetro ni termómetro, porque estas variables ya han sido medidas en una ocasión anterior y están registradas en su historia clínica, documento donde encontramos esta información. Esta es una característica de los estudios retrospectivos, por supuesto, no solamente revisamos historias clínicas; en el campo de la salud podemos revisar informes de cirugía, de laboratorio; en otros campos como en la educación podemos revisar los registros de calificación de los estudiantes del año en curso, del año pasado, siempre que estos registros ya hayan sido archivados, siempre que ya existan.

En los estudios retrospectivos, el investigador no ejecuta mediciones, sino que copia los resultados de la medición que hicieron otros profesionales, que pueden ser o no investigadores, pero cuya información es útil para realizar un trabajo de investigación. La documentación implica revisar documentos, pero no necesariamente es un documento físico, es decir, no necesariamente está en papel como la historia clínica, que es lo que estamos acostumbrados a revisar.

Un documento también puede ser digital, por ejemplo, una base de datos, si estamos acostumbrados en nuestra institución a registrar la información de los pacientes en una historia clínica informática o en una base de datos.

Cuando copiamos este documento digital, este archivo digital, para nuestro análisis, cuando nos llevamos esta información, estamos realizando una técnica de recolección de datos llamada documentación. Quitémonos de la cabeza que la documentación significa revisar únicamente en documentos físicos, también podríamos revisar documentos digitales. Lo importante aquí es que los datos que necesitamos para nuestro trabajo estén previamente registrados.

Ahora, vamos a recordar que existen dos tipos de datos en investigación: los datos primarios y los datos secundarios. ¿Qué diferencia hay entre estos dos tipos de datos? Los datos primarios son aquellos que el investigador recolecta haciendo sus propias mediciones y lo hace a propósito de la investigación en curso. Los datos secundarios corresponden a la información que ya está registrada.

Como es lógico ya debes estar haciendo una asociación: los datos primarios corresponden a las investigaciones prospectivas y los datos secundarios corresponden a las investigaciones retrospectivas. ¿Cuál de estos dos tipos de datos ya sean primarios o secundarios son mejores?

Desde el punto de vista de la exactitud, cuando recolectamos datos primarios y planeamos hacer nuestra propia medición, controlamos el sesgo de medición. Por ejemplo, si queremos medir la presión arterial de un paciente, lo vamos a hacer en horas de la mañana, vamos a medir la presión en ambos brazos, en el tercio medio y le vamos a sacar un promedio a estas dos mediciones, y vamos a volver a ejecutar una siguiente medición dentro de quince minutos, por supuesto, el paciente tendrá que estar en estado de reposo, tiene que estar sentado. Estas características son las que se necesitan para medir la presión arterial porque si no lo hacemos de esta manera podríamos tener sesgos de medición.

Con esto quiero decir que para realizar una determinada medición existen características, protocolos, requisitos. Y el investigador es muy minucioso en cumplir todas estas condiciones y requerimientos para que la medición sea lo más exacta posible y trata de que las condiciones, aun cuando hayan sufrido algún tipo de alteración, sean las mismas para cada uno de los individuos.

Es decir, que si no vamos a medir la presión en las horas de la mañana y lo vamos hacer en la tarde, esta condición tendrá que mantenerse constante para cada uno de los evaluados, para cada una de las unidades de estudio. Eso es control de los sesgos de medición. Cuando realizamos estudios en base a datos secundarios, cuando realizamos la técnica de recolección de datos llamada documentación, no podemos asegurar que quien realizó las mediciones tuvo en cuenta de manera escrupulosa estos requisitos y condiciones para realizar sus mediciones; y es más, todos los datos que encontramos en los archivos, en las historias clínicas, han sido recolectados por diferentes investigadores, profesionales, especialistas, pero ha habido más de un evaluador.

Esto implica también un importante sesgo al momento de la medición. Utilizar un dato primario siempre será mejor que utilizar un dato secundario, porque en el dato primario hay un control del sesgo de medición. Sin embargo, existen estudios donde necesariamente tendremos que realizar un estudio retrospectivo, donde necesariamente tendremos que recurrir a la técnica de recolección de datos llamada documentación.

Vamos a mencionar un ejemplo clásico: el estudio de la mortalidad. Puede ser mortalidad infantil, mortalidad materna o mortalidad en general, cualquier tipo de mortalidad que se te ocurra en este momento. ¿Cómo se estudia la tasa de mortalidad? Es muy simple: observamos cuántas personas han fallecido el año anterior por una causa determinada y lo dividimos entre el total de la población susceptible de fallecer por esa determinada causa, y de esta forma calculamos la tasa de mortalidad. Si te fijas, revisar los archivos del año pasado implica ya la técnica de la documentación.

La tasa de mortalidad materna es un estudio netamente retrospectivo, siempre ha sido retrospectivo y siempre seguirá siendo retrospectivo, porque realizar un estudio de la tasa de mortalidad de manera prospectiva sería de la siguiente manera: identificar a todas las personas que son susceptibles de fallecer por una determinada causa y hacerles un seguimiento a lo largo del tiempo, a lo largo de los años, para ver en qué momento fallecen.

Esto realmente es inaudito no podemos hacer este seguimiento porque las poblaciones en general son muy numerosas. La mortalidad siempre será un estudio retrospectivo, y no lo ejecutamos de esa manera porque sea más fácil, sino porque es la única forma de realizar un estudio de mortalidad.

Habíamos comenzado diciendo que la documentación es la técnica de recolección de datos más inexacta, sin embargo, hay situaciones donde la única forma de realizar el trabajo es haciendo documentación. En otros casos sí habrá posibilidad para elegir entre una técnica retrospectiva y una técnica prospectiva, pero optamos por una técnica retrospectiva, es decir, utilizamos a la técnica de recolección de datos llamada documentación porque es un buen punto de partida para iniciar una línea de investigación.

Es decir, que en una fase exploratoria o descriptiva de nuestra línea de investigación, necesitamos conocer datos que nos permitan identificar situaciones o circunstancias que necesitamos investigar, estamos comenzando una línea de investigación y no necesitamos que nuestra información sea muy exacta, escrupulosa, fina. Entonces, utilizamos la documentación.

Como es lógico, en los estudios retrospectivos no existen instrumentos porque los datos corresponden a registros de variables que ya fueron medidas. Si necesitamos la presión arterial, la temperatura y el peso de los pacientes, y los copiamos de una historia clínica, no necesitamos el tensiómetro, la balanza ni el termómetro: no hay instrumentos.

La historia clínica no es un instrumento, es simplemente un archivo a partir del cual se obtuvo información; no mide nada, lo que mide la presión, la temperatura y el peso son el tensiómetro, el termómetro y la balanza, respectivamente. Pero estos datos ya están registrados en la historia clínica, alguien ya realizó las mediciones. Cuando aplicamos la técnica de recolección de datos llamada documentación, nos limitamos a copiar, a trasladar, a llevarnos estos datos para nuestro propio trabajo.

Utilizar esta técnica de recolección de datos no hace que nuestro trabajo sea mejor o peor. En algunas circunstancias estamos obligados a utilizar esta técnica, y en otras, sólo queremos dar un buen inicio a nuestra línea de investigación.

Presentación N° 3

La observación participante y no participante

Esta es la técnica de recolección de datos más utilizada en investigación científica. La observación es científica solamente si es intencionada, si es selectiva y si el investigador tiene como finalidad recolectar información.

Para poder clasificar a la observación científica hay que reconocer que en el proceso de observación existen algunos elementos: el observador, que necesariamente es una persona; el ente observado, que puede ser un objeto o también un sujeto, y los medios de observación que se utilizan para realizar este procedimiento, así como las circunstancias de la observación.

A partir de estas cuatro características podemos obtener tres clasificaciones para la observación científica: la primera será según la relación entre el observador y el ente observado; la segunda será según los medios de observación, y la tercera según las circunstancias de la observación.

Comencemos con la primera. Vamos a clasificar a la observación científica según la relación que existe entre el observador y el ente observado. El ente observado puede ser un sujeto o un objeto. En el campo de las ciencias de la salud y las ciencias sociales, por lo general, el ente observado es un sujeto. Pero no descartemos la posibilidad de que en pocas ocasiones el ente observado podría ser un objeto.

La observación según la relación que existe entre el observador y el ente observado se divide en observación participante, llamada también desde adentro, y observación no participante, llamada también desde afuera.

En la observación participante, el investigador, evaluador, observador, se incluye dentro del grupo, hecho o fenómeno que desea observar. La finalidad es conseguir información desde adentro con el menor sesgo de medición posible, desde el interior del contexto en el que se desarrolla el fenómeno que se desea observar.

Vamos a suponer que se trata de un observador que desea observar las conductas o comportamientos de un determinado grupo, entonces, bastará con que el observador se inmiscuya, se introduzca, se inserte, dentro del grupo que desea conocer.

Por supuesto, esto será mucho mejor y será mucho más exacto que si la observación es únicamente desde afuera. Esta ventaja que tiene el observador que se introduce dentro del grupo que desea observar se evidencia en un menor sesgo de medición a la hora de recolectar la información.

La primera opción que tendríamos que pensar para utilizar a la observación como técnica de recolección de datos sería a la observación participante, siempre que esto sea posible, porque no siempre se podrá introducir dentro de grupo para analizar las conductas o comportamientos.

En otros casos, el observador o investigador que se introduzca dentro del grupo podría modificar las conductas que desea observar. Por lo tanto, no siempre la observación participante será la mejor opción; dependerá de la línea de investigación.

La observación participante o desde adentro, a su vez, se puede dividir en una participación natural y una participación artificial. Es decir, la integración que hace el investigador al interior de las circunstancias del contexto o del grupo puede ser de manera natural si es que el investigador pertenece al grupo, o artificial si es que esta integración se hace únicamente a propósito de la investigación

Veamos, si deseo conocer el grado de cumplimiento que tienen los estudiantes de medicina en relación a las normas de bioseguridad en la sala quirúrgica, bastará con que me coloque un uniforme verde y comenzar a observar las conductas que deseo medir.

Comoquiera que mi participación en una sala quirúrgica es natural y no es una integración a propósito de la investigación, los estudiantes de medicina no se percatan de que existe alguien que los está observando respecto a sus conductas de cumplimiento en cuanto a las normas de bioseguridad porque en el equipo quirúrgico hay varios médicos y uno de ellos está observando estas conductas.

A esto se le denomina observación participante natural, porque es parte del desarrollo habitual del trabajo profesional, es decir, eso es algo que se hace todos los días, aunque no todos los días se está observando en las conductas de los estudiantes respecto del cumplimiento de las normas de bioseguridad.

Ahora veamos un ejemplo donde la observación participante no es natural. Dicho de otro modo, es artificial. Si deseo conocer cuáles son las costumbres que tienen las mujeres de una región altiplánica en el sur del Perú en el momento del parto, me voy a convivir con esta comunidad durante algunos días, durante algunas semanas.

Pero como yo no pertenezco a esta comunidad, a este grupo, la integración que estoy realizando para el grupo es únicamente a propósito de la investigación; la finalidad es recolectar datos y, por eso, la observación, aun cuando es participante y desde adentro, se denomina artificial porque el investigador no pertenece al grupo que está observando.

Por supuesto, aquí puede haber un importante sesgo porque las personas que están siendo observadas podrían modificar su conducta, dado que existe un elemento extraño dentro de su comunidad.

Si tuviéramos que elegir entre una integración natural y una integración artificial, la primera nos dará siempre una mayor exactitud en las mediciones que necesitamos para nuestro trabajo; pero no elegimos una u otra opción porque sea más fácil o más exacta, sino porque las circunstancias de la investigación a veces nos obligan a realizar una integración artificial, porque no existe otra forma de recolectar los datos, información, porque no hay otro medio de acceder a los datos con mayor exactitud.

En consecuencia, habrá ocasiones en que tendremos que recurrir a la observación participante artificial, a fin de obtener la información que necesitamos. Pero lo ideal, ya sabes, es la integración natural.

Qué pasaría si tú quisieras hacer una integración y para ello vas a recurrir al apoyo de un tercero, de un observador. El investigador no necesariamente es el observador, entonces, podrías pedirle a una persona que pertenezca de manera natural al grupo que realice la observación por ti. Esto convertiría a tu observación en natural para que no tengas que integrarte tú mismo o para que la alteración no sea artificial y no existan sesgos de medición.

Ahora vamos a ver la observación no participante. Esta es la observación desde afuera, es la observación del contexto, del grupo social, sin intervenir en el hecho o fenómeno investigado. Aquí los hechos se desarrollan de manera natural. El investigador no perturba la acción, situación u objeto que se está investigando.

Debemos recordar que el ente observado puede ser un sujeto o un objeto. Si el ente observado es un sujeto, en la observación desde afuera, en la observación no participante, el evaluado no percibe el proceso de observación, no se da cuenta de que está siendo observado, no toma conciencia de que está formando parte de un trabajo de investigación. Por eso, su conducta se mostrará de manera natural, no habrá influencia ni modificación de su conducta. Eso también es importante para reducir el sesgo de medición.

Seguramente debes estar pensando en cómo es posible observar a una persona sin su consentimiento para un trabajo de investigación, ¿acaso esto no está infringiendo las normas éticas? En este momento hay que recordar que en todo trabajo de investigación existe la ética dentro de la investigación y la ética para la publicación.

Cuando tú observas a las personas sin su consentimiento, no estás infringiendo la ética siempre que a la hora de la publicación no incluyes datos que puedan identificar a las personas que has observado; por lo tanto, estamos cumpliendo las normas éticas.

De tal forma que para realizar una observación no participante, una observación desde afuera, no necesitamos el consentimiento de las personas que estamos observando, pero sí necesitamos cumplir las normas éticas respectivas al momento de la publicación.

Finalmente, qué pasa cuando el ente observado es un objeto y no un sujeto. Por ejemplo, si queremos evaluar el tamaño de un tumor, este no va a cambiar de tamaño porque sea observado, porque esté siendo sometido a un proceso de observación, en este caso la medición.

Bajo estas circunstancias, no entraría este criterio de clasificación de relación entre el ente observado y el observador, porque un tumor no puede tener relación con su observador y lo mismo aplica para la talla, la temperatura o la presión arterial; no se trata de conductas ni de comportamientos que pueden cambiar sólo por el hecho de estar siendo observados.

Presentación N° 4

La observación sistemática y asistemática

Esta vez vamos a desarrollar a la observación científica según los medios de observación. Para esto hay que recordar que en todo proceso de observación existe un observador, un ente observado, unos medios que observación y una circunstancia en la cual se desarrolla este proceso. Pues bien, ahora vamos a clasificar a la observación científica según los medios de observación.

Algunas formas de observación científica cuentan con elementos de apoyo, y se denomina observación sistemática; en otros casos la observación científica no cuenta con elementos de apoyo, y se denomina observación asistemática.

La más frecuente y usada en investigación científica es la observación sistemática, característica de la investigación cuantitativa. La observación sistemática es selectiva por cuanto utiliza un medio de observación, vamos a suponer un instrumento de medición, aunque no necesariamente tiene que ser un instrumento validado, podría ser también un registro anecdótico, una lista de cotejo o una escala de apreciación, cualquiera que sea el elemento que estamos utilizando para apoyarnos en el proceso de observación científica.

Significa que no vamos a observar de manera holística a la unidad de observación, sino únicamente los elementos que nos permiten observar, estos instrumentos o estos elementos de apoyo, cualquiera que sea el elemento que utilicemos para nuestra observación nos permitirá observar solamente una parte de la unidad de observación para la cual este instrumento o elemento de apoyo ha sido construido.

Este tipo de observación denominada sistemática siempre está orientada a una parte de la unidad de estudio, está orientada a un segmento, a una parte muy selectiva. Por lo tanto, tendríamos que definir en primer lugar qué observar o no. ¿Cómo decidimos esto? ¿Qué es lo que tenemos que observar y qué es lo que no tenemos que observar? En función al objetivo específico de la investigación decidiremos cuál es la parte de la unidad de estudio que necesitamos observar.

Por ejemplo, si vamos a medir el peso de una persona, no necesitamos una máquina para hacer radiografías, sino únicamente una balanza; el peso lo vamos a observar mediante este instrumento, de tal modo que al contar con el instrumento denominado balanza estamos ya pensando de manera selectiva solamente en esta característica denominada peso. De esta forma, si hacemos un listado de las variables que necesitamos medir de la unidad de estudio, en función de eso decidiremos cuáles serán los elementos de apoyo que utilizaremos para la observación de nuestra unidad.

La observación sistemática es aquella que nos permite realizar mediciones ya sea de variables objetivas, mediante el uso de instrumentos mecánicos, o de variables subjetivas, mediante el uso de instrumentos documentales o lógicos; pero la observación sistemática no siempre cuenta con instrumentos, basta, en muchas ocasiones, tener una lista de cotejo donde anotamos una serie de características, construimos un listado de condiciones que esperamos encontrar en la unidad de observación.

Evidentemente estas características han sido preseleccionadas, se ha construido este listado previamente para saber si las unidades que vamos a observar cuentan o no con esta condición. Por lo tanto, tendríamos que haber realizado un procedimiento previo, es decir, realizar una observación no parametrada o no sistemática antes de tener este listado.

Esto quiere decir que la observación asistemática es aquella que no cuenta con elementos de apoyo. En realidad, es un paso previo para la realización de la observación sistemática. Hay necesariamente una secuencia temporal o procedimental entre estas dos técnicas de recolección de datos en el orden natural en el que avanzamos en esta línea de investigación.

Primero estaría la observación asistemática y luego la observación sistemática, por cuanto para la segunda se necesita contar ya con la lista de características que esperamos encontrar en el proceso de observación; entonces, ¿cuándo es que hemos construir este listado? Lo hemos hecho antes, en un paso previo, en un momento anterior, con la técnica denominada observación asistemática.

Cuando se trata de observar conductas, por ejemplo, podemos apoyarnos en una lista de cotejo que viene a ser una lista de palabras clave o también puede ser un instrumento plenamente validado que incluso nos permita hacer una verdadera medición. Hay que tener en cuenta que para obtener un valor de medición final se requiere necesariamente de un instrumento.

Ahora vamos a desarrollar la observación asistemática. Es muy común, en realidad, la utilizamos casi siempre, pero no pensamos que estamos haciendo dicha observación.

Es muy común que el investigador científico desarrolle esta técnica, pero desmerece su participación y, a veces, no la considera dentro de las técnicas que va a utilizar para la recolección de datos. Sin embargo, está muy insertada en diferentes momentos de la recolección de la información, y que generalmente se desarrolla antes de tener el listado con el que hacemos una observación sistemática.

La observación asistemática no es segmentada, ya que se realiza sin la ayuda de elementos técnicos especiales. Por eso, siempre es libre y denominada también simple, no existió un patrón o un lineamiento para el desarrollo de nuestra observación, no podemos seleccionar lo que vamos y lo que no vamos a observar, no es posible segmentar la información que vamos a recolectar mediante esta técnica de recolección de datos; por lo menos no dentro de esta primera fase.

Por eso es que la observación sistemática es una de las herramientas que aparecen con mucha frecuencia en los estudios exploratorios o de nivel investigativo exploratorio, que corresponde a la investigación cualitativa. La observación asistemática está fundamentada en la sensación, y como los órganos de los sentidos no son confiables para medir distancias, tamaños o velocidades, esta técnica es subjetiva, no se realizan verdaderas mediciones, no podemos concluir acerca de la presencia o ausencia de características en una unidad de estudio, sino que, más bien, nos orienta acerca de la presencia de estas condiciones que esperamos estudiar.

Esta técnica es muy utilizada como punto de partida para comenzar una línea de investigación para cualquier diseño investigativo y dentro de cualquier campo del conocimiento. La observación asistemática busca detectar hechos posibles, problemas posibles, vacíos en el conocimiento, y se requiere conocer previamente un determinado tema a profundidad, además de mucha atención.

Esta es la técnica de recolección de datos que utilizó Isaac Newton para describir la ley de la gravedad cuando percibió la caída de una manzana; de hecho, cuántas personas habrían observado antes que Isaac Newton caer manzanas desde los árboles y no fueron capaces de describir la ley de la gravedad, esto es porque la observación asistemática requiere de una preparación previa, requiere de una experiencia previa en el investigador y de mucha atención para poder hacer este tipo de observación.

No cualquiera puede realizar observaciones asistemáticas porque se trata de un verdadero proceso creativo. La experiencia del investigador es muy importante, y para saber de la importancia de cuánta experiencia debemos tener para realizar observaciones asistemáticas debemos recordar siempre en el ejemplo de Isaac Newton.

Hoy en día, con el uso de la tecnología y gracias a la existencia de los paquetes informáticos, además de otras herramientas que nos permiten realizar análisis de datos, podemos modernizar a la observación asistemática. Por ejemplo, cuando realizamos minería de datos, que consiste en analizar la información numérica sin ningún tipo de patrón, muchas empresas e instituciones recolectan información acerca de sus clientes, usuarios, pacientes, alumnos o trabajadores, y esta información es almacenada de manera digital.

Podemos realizar procedimientos de minería de datos sobre esta información, pero sin tener un objetivo claro, un objetivo estadístico, sin un norte específico, sólo exploramos buscando asociaciones entre estos datos, y esto, por supuesto, está sujeto la experiencia del investigador. La minería de datos es una forma de observación asistemática incluso con la ayuda del software; pero este no nos ayuda a realizar la observación, sino a buscar patrones dentro de la información que ya tenemos.

Por supuesto, esto sólo es posible cuando se cuenta con una base de datos. En este procedimiento se requiere de mucha intuición por parte del investigador, por lo tanto, se necesita mucha experiencia acumulada acerca del tema en el cual se realizó la recolección de datos.

También se requiere mucho conocimiento de la línea de investigación donde se pretende buscar tendencias o patrones que nos lleven a plantear hipótesis que más adelante someteremos a contraste y, después, todavía podemos realizar verdaderas predicciones. Pero debo remarcar que se necesita experiencia y mucha percepción.

Presentación N° 5

La observación de campo y de laboratorio

Esta vez vamos a clasificar a la observación científica según las circunstancias de la observación. Recuerda que en todo proceso de observación existen los siguientes elementos: el observador, el ente observado, los medios de observación y las circunstancias de la observación.

Por eso es que nuestra primera clasificación está en función a la relación que existe entre el observador y el ente observado; la segunda clasificación se da en función a los medios de observación, y esta tercera clasificación que vamos a ver ahora se realiza según las circunstancias de la observación. Según estas circunstancias, la observación se divide en observación de campo y observación de laboratorio.

La observación de campo es el recurso principal de la observación descriptiva o, por lo menos, de los niveles más básicos de la investigación científica y se ejecuta, por lo general, en los lugares donde ocurren los hechos o fenómenos investigados.

Esta técnica se utiliza cuando se requiere que el contexto en el que ocurren los acontecimientos no debe ser modificado, se requiere observar a la unidad de observación dentro de su ambiente natural, de manera que no hay control sobre las circunstancias donde ocurre el fenómeno. Es por esta razón que a este tipo de observación se le puede denominar también observación no controlada, porque no tenemos control sobre los hechos externos al fenómeno en estudio.

Esto, por supuesto, hace que se inserten un sinnúmero de variables no controladas que comúnmente denominamos variables confusoras dentro de nuestra investigación. El hecho de no poder controlar los elementos externos del fenómeno puede ser, en algunos casos, ventajoso, y en otros, desventajoso. Esto va a depender de la línea de investigación. Por ejemplo, la observación de campo, la observación que no debe ser modificada y que se observa en su estado natural, es requerida en la investigación criminalística, pero posee mucho sesgo cuando de investigación biológica se trata, donde en muchas ocasiones preferimos tener controlados los elementos que pueden afectar a las variables que pretendemos observar.

La investigación social y la educativa recurren, en gran medida, a esta modalidad de observación de campo. Las mediciones, si es que se realizan mediante esta técnica no son estables, existe mucho ruido o mucha variabilidad al momento de ejecutar mediciones, y si realizamos un seguimiento a un grupo de pacientes a fin de conocer la adherencia al régimen terapéutico y lo hacemos mediante una visita domiciliaria, encontraremos que las respuestas de los pacientes no serán iguales que si el estudio se hubiese realizado en horas de la mañana o en horas de la tarde.

Por esta razón, en la observación de campo debemos ser muy cuidadosos al observar variables que podrían influir sobre los resultados de la medición; del mismo modo, las respuestas de los pacientes podrían cambiar según el estado de ánimo que tengan al momento de responder las preguntas que se les plantee. Las conductas que exhiban los pacientes frente a la terapéutica serán distintas en cada medición; las circunstancias y el contexto pueden hacer cambiar los resultados de nuestro estudio.

La observación de campo, en algunos casos, se realiza porque queremos conocer hechos en su estado natural; pero, en otros casos, porque no podemos trasladar al ente observado a las unidades de observación desde su contexto natural hacia otro controlado. La observación de campo es una técnica de recolección de datos y no puede ser confundida con un tipo de estudio.

De manera que no existe el estudio de campo, lo que existe es el estudio donde utilizamos la técnica de recolección de datos denominada observación de campo. Es que si aceptamos que existen los estudios de campo, también habría que aceptar que existen los estudios de laboratorio, lo cual no es más que una característica del estudio que hace referencia a las mediciones controladas.

Precisamente, lo contrario a la observación de campo viene a ser la observación de laboratorio. En la primera, en las mediciones no son controladas; mientras que en la segunda sí lo son, sí existe control de los elementos que pueden influir sobre el valor de las mediciones.

Las observaciones de laboratorio son requeridas en los estudios experimentales y es que esta nace dentro de las ciencias experimentales denominadas también ciencias naturales o ciencias biológicas, pero que bien pueden ser utilizadas en otros campos del conocimiento, incluyendo a las ciencias sociales. En la observación de laboratorio, el ente observado no se encuentra en su ambiente natural y, por ello, se requiere de procedimientos para generar estos ambientes; hay que recrear ambientes similares a los que tendría su estado natural, pero que esta vez no cuentan con variabilidad entre una y otra medición.

Ojo que no necesariamente se trata de un experimento, dije que la observación de laboratorio nace en las ciencias experimentales, pero la metodología que se utiliza dentro de estas técnicas puede ser aplicada perfectamente a estudios no experimentales.

El objetivo es realizar mediciones controladas, recuerda que todo trabajo de investigación, todo estudio, necesita una característica denominada control; esta vez el control abarca también a las mediciones y al ambiente donde se ejecutan las mediciones. Aquí no podemos permitir la influencia del ambiente o de las circunstancias en las que se desarrollan los hechos y que podrían afectar el resultado de cada medición, para lograr esto trasladamos al objeto observado, al ente observado, al sujeto observado o al conjunto de sujetos observados, hacia un ambiente de laboratorio.

Cuando decimos ambiente de laboratorio no nos imaginemos un ambiente donde existen pipetas, tubos de ensayo o matraces de Erlenmeyer. Un ambiente de laboratorio se caracteriza por estar aislado de las circunstancias externas, permite aislar al ente observado de su contexto. Esto es una rutina diaria en la investigación en las ciencias naturales experimentales, pero también podemos decir en las ciencias sociales.

Existen ambientes de laboratorio siempre que las condiciones estén controladas. Por ejemplo, cuando tomamos un examen a los estudiantes para evaluar el rendimiento académico, tratamos de que las características para cada uno de ellos se mantengan constantes, les damos el mismo tiempo, y como se realiza a la misma hora, están sometidos a las mismas condiciones ambientales dado que se les ha avisado con anticipación; entonces, cada estudiante también habrá tomado las previsiones necesarias para que biológicamente se encuentre en las mejores condiciones. Esto podría considerarse también un ambiente controlado cuando realizamos la evaluación del rendimiento académico de los estudiantes.

Es posible configurar ambientes controlados en las ciencias de la salud y en las ciencias sociales. En consecuencia, no son ámbitos naturales los museos; son ambientes controlados porque los objetos coleccionados no se encuentran en su estado natural. Tampoco es un ámbito natural un zoológico, en el cual podemos estudiar, por ejemplo, la fisiología de la reproducción de una determinada especie animal, de esta forma es mucho más fácil estudiar esta característica y también será más exacta. Un paciente con una fractura abierta en una sala quirúrgica probablemente no se infecte porque esta es un ambiente controlado.

Se pueden recrear los ambientes controlados y a estos se les puede denominar ambientes de laboratorio, o a la observación que realizamos en estas condiciones se le denomina observación controlada y podemos utilizar el término de observación de laboratorio.

Los ambientes controlados permiten realizar mediciones con mayor estabilidad, sobre todo cuando se trata de organismos biológicos como bacterias, plantas o animales, incluyendo, por supuesto, al ser humano. Pero si el ente observado es un objeto, no es necesario crear ambientes controlados porque los resultados de las mediciones de las magnitudes físicas que corresponden a variables objetivas no se ven influenciadas por las circunstancias de la medición; por lo tanto, para los ingenieros industriales o ingenieros mecánicos, no existe influencia del ambiente sobre las mediciones que realizan sobre sus objetos de estudio. Por esta razón, siempre hago hincapié en que la observación de laboratorio está diseñada más para las ciencias de la salud y las ciencias sociales.

Finalmente, cuando hablamos de la observación como técnica de recolección de datos, nos estamos enfocando en la unidad de observación y no en la unidad de estudio. No es lo mismo observar la talla de un paciente que observar su conducta, porque para observar la conducta tal vez necesitemos recrear ambientes controlados para que estos elementos externos no influyan sobre la conducta del paciente; en cambio, cuando se trata de observar la talla mediante un instrumento denominado tallímetro, no existe posibilidad de que los elementos externos influyan sobre los resultados de la medición.

Por lo tanto, no será necesario realizar ningún tipo de control acerca de los elementos externos o de las circunstancias de la observación. Cuando observamos una conducta, puede estar influenciada por las circunstancias y el medio, pero magnitudes como la talla, el peso o cualquier otra variable objetiva tendrán un resultado independientemente del contexto en el cual se realice la observación.

Presentación Nº 6

La entrevista a profundidad

Al igual de lo que ocurre con la observación científica, la entrevista de investigación podría contar o no con elementos de apoyo. La entrevista que cuenta con elementos de apoyo se denomina entrevista estructurada; y aquella que no cuenta con estos elementos, entrevista no estructurada.

Existe un orden natural entre estas dos técnicas de recolección de datos, siguiéndolo, en primer lugar, estaría la entrevista no estructurada, sin elementos de apoyo, y en segundo lugar, la entrevista estructurada, que tiene elementos que se construyeron o se crearon en la fase anterior. Esto tendremos que adaptarlo a nuestra propia línea de investigación.

Comencemos con la entrevista no estructurada, que, a su vez, la podemos dividir en entrevista a profundidad y entrevista enfocada.

Una entrevista a profundidad es, por ejemplo, la anamnesis que realiza un médico a su paciente en su primera visita. En esta ocasión el médico no tiene idea siquiera de lo que está aquejando a su paciente, entonces, realiza una entrevista a profundidad y a esto se le denomina anamnesis. En este primer encuentro el médico plantea a su paciente una pregunta general como ¿cuál es la molestia más importante que presenta en este momento

o? El paciente, que viene a ser el entrevistado, comenzará a relatar o emitir una serie de malestares que según su propio razonamiento son las razones por las cuales ha acudido a la consulta médica.

Estos argumentos que comienza a emitir el paciente no necesariamente son las verdaderas causas de su visita al médico, pero son un buen punto de partida para comenzar a investigar; se trata de una exploración de las características que según el paciente son la causa de la enfermedad o son las razones por las cuales él se encuentra enfermo.

El médico, durante la anamnesis, busca explorar y descubrir síntomas que ayuden, en primera instancia, a identificar si el paciente realmente tiene o no un padecimiento. La entrevista a profundidad que realiza el médico busca explorar todos los sistemas del cuerpo humano, por lo tanto, no sigue reglas ni lineamientos.

Esto es, realmente, más un arte que una técnica. El paciente puede mencionar, por ejemplo, me ha "agarrado" la tierra. Aquí en el Perú, existe la creencia popular de que la tierra tiene la capacidad de "agarrar" el ánimo de las personas, con lo cual el paciente queda sumido en una depresión de origen desconocido e insidiosa evolución. Esto ocurre supuestamente cuando el afectado no cumple con realizar el pago a la tierra.

El entrevistador debe tener la capacidad de discernir si los síntomas que describe el paciente son sólo percepciones subjetivas de un individuo, como el caso de las somatizaciones, o si las molestias descritas deben ser consideradas en la búsqueda de una patología o enfermedad.

En este punto la finalidad de la entrevista a profundidad no es darle un mayor peso a un síntoma respecto a otro, porque no se trata de un análisis cuantitativo; el investigador no piensa en cuantificar síntomas, pero sí que los datos nos orientan a plantear hipótesis de posibles enfermedades que podría estar padeciendo el entrevistado; lo que sigue a continuación es realizar un listado de posibles patologías, un conjunto de síntomas que los podemos representar en palabras clave y luego se solicitarán exámenes auxiliares para confirmar o descartar la sospecha diagnóstica que equivale a la hipótesis de la investigación.

Para realizar una entrevista a profundidad, por supuesto, se requiere de un entrevistador que conozca a fondo el tema que se está investigando; pero no solamente eso, sino que el entrevistador debe exhibir capacidad y experiencia para poder extraer la información que necesitamos. Por esta razón, una anamnesis únicamente la puede realizar un profesional de la salud, un médico, y no una persona que no tenga esta profesión.

La entrevista a profundidad es netamente cualitativa, es de carácter holístico, siempre busca explorar y descubrir características en el evaluado, no sigue reglas, es más arte que técnica. El objeto de esta técnica de recolección de datos es encontrar las percepciones personales de la situación a nivel individual, no clasifica ni tiene el interés en tabular datos, pero sí orienta posibles hipótesis.

Una entrevista exploratoria es siempre cualitativa, se desarrolla a partir de una pregunta única. El investigador estimula y conduce el discurso del entrevistado y procura que este sea continuo. Los límites de la entrevista son los de la investigación misma, todas las preguntas que surjan en el desarrollo de la conversación están relacionadas únicamente a las respuestas del entrevistado. El investigador determinará el contenido y la profundidad para cada sujeto en particular y según sus propias circunstancias.

En el diseño de la validación de instrumentos, la entrevista abierta se utiliza en la fase preliminar de la creación del instrumento. Por ejemplo, si queremos construir un instrumento para medir el grado de adherencia terapéutica en los pacientes, les realizamos una entrevista con una pregunta abierta como la siguiente:

¿Por qué ha descontinuado usted el tratamiento asignado? Ante tal interrogatorio el paciente procederá a enlistar una serie de argumentos que para él son la causa de abandono del tratamiento, aunque estos argumentos no pueden ser considerados realmente como causas del abandono, pero bien que sirven para enlistar un conjunto de ideas que están favoreciendo la falta de adherencia terapéutica.

El paciente mencionara, por ejemplo, no tengo dinero para comprar los medicamentos, siempre me olvido de tomarlos o no estoy tan mal como para seguir ingiriéndolos, suponiendo que la terapéutica esté basada en la administración de medicamentos, por supuesto.

En el momento en que el paciente deja de enlistar sus propios argumentos, el entrevistador tendrá que intervenir para estimular a que el paciente siga mencionando posibles causas de la falta de adherencia al tratamiento.

La entrevista abierta, denominada también entrevista a profundidad, dentro del diseño de la validación de instrumentos, se realiza hasta lograr un punto de saturación ya sea con un solo entrevistado o con varios entrevistados. Es decir, la conversación se prolonga hasta que las respuestas del entrevistado se conviertan en repetitivas, y del mismo modo para determinar el número de entrevistados.

En esta fase de la creación del instrumento también se va a enlistar un conjunto de frases o palabras clave y que cuando estos se vuelvan repetitivos a lo largo de la entrevista a diferentes entrevistados, decimos que se ha alcanzado un punto de saturación.

Hay que recordar que para determinar el número de entrevistados en la fase de la creación del instrumento de validez de contenido no existe un cálculo matemático, sino que el investigador determina bajo sus propios criterios y su propia experiencia cuándo debe dejar de realizar preguntas al entrevistado y cuándo debe dejar de buscar entrevistados para continuar construyendo el listado de palabras clave que le permitirán más adelante construir el instrumento de medición.

Continuando con nuestro ejemplo del instrumento para evaluar la falta de adherencia terapéutica en los pacientes, a la pregunta de por qué ha descontinuado usted el tratamiento asignado, el paciente podría responder "Pero si yo me baño todos los días".

Como puedes ver, esta respuesta no guarda relación con la adherencia terapéutica; en este caso el investigador tendrá que recanalizar el discurso del entrevistado, tendrá que alinear el diálogo dentro de los límites del propósito del estudio, que en este caso es la adherencia terapéutica.

Esto, por supuesto, requiere de un gran conocimiento del investigador dentro de la línea de investigación que se está desarrollando, porque si bien el ejemplo que hemos colocado es muy simple de detectar, la respuesta del paciente no está encajada dentro de la línea de investigación denominada adherencia terapéutica, habrá situaciones donde decidir si la respuesta que nos da el entrevistado pertenece o no pertenece a la temática que se está investigando será más complicada.

Por esta razón, solamente un investigador que sea experto dentro de su línea de investigación será capaz de construir un instrumento utilizando la técnica de la entrevista a profundidad, denominada por algunos investigadores como entrevista abierta. Realmente se requiere de una cantidad grande de experiencia.

En el desarrollo de estos temas, al final, cuando se ha completado esta primera fase, cuando hemos terminado con esta técnica denominada entrevista a profundidad, el resultado final de esta tarea debe ser un listado de palabras clave que más adelante iremos a buscar en la población si realmente existen o no; por eso es que la entrevista a profundidad, por lo general, se realiza a un conjunto de expertos y casi siempre estos son en un número de cinco, aunque esto, por supuesto, es cualitativo.

Presentación N° 7

La entrevista enfocada

Continuando con el desarrollo de la entrevista, después de la entrevista a profundidad encontramos a la entrevista enfocada. Siguiendo el camino de la línea de investigación y de las herramientas que nos ayudan a avanzar por esta, en la entrevista a profundidad, el médico había enlistado un conjunto de síntomas que afectan al sujeto, este conjunto de síntomas se expresan a través de palabras clave o se registran en un listado de características que tendremos que corroborar en un segundo momento.

Estas palabras clave se plantean como un conjunto de características que orientan a una posible patología en el paciente y, por ello, lo que generalmente ocurre es que el médico remite al paciente a un médico especialista.

La entrevista enfocada es la entrevista que realiza el médico especialista. Como podrás deducir, este no hace una investigación holística, no pregunta acerca de todos los sistemas o aparatos del cuerpo humano, sino únicamente sobre aquellos sobre el cual está interesado y enfocado.

Aquí ya no es necesaria una revisión holística del paciente, porque esto ya lo hizo el médico de atención primaria, sino que el especialista se enfoca en los síntomas que se expresan a través de las palabras clave y que orientan a un posible diagnóstico. Este posible diagnóstico es la hipótesis del investigador. El especialista piensa en una enfermedad y busca las características que deberían describirla.

La entrevista enfocada, que es realizada por el médico especialista, plantea de plano una hipótesis: el paciente tiene una determinada enfermedad. Todos los esfuerzos que se realizan a partir de este punto están orientados a demostrar la existencia de esta patología, aunque la forma y el orden de la entrevista ya no interesa en este momento, ni siquiera las circunstancias en las que se aplica.

Cuando un médico especialista atiende a un paciente, el investigador ya no explora todos los sistemas el cuerpo humano, sino solamente aquel que le corresponde a su especialidad a fin de definir la existencia o no de la enfermedad. La finalidad del entrevistador en esta segunda fase es definir la existencia del concepto en el sujeto y para esto deberá a plantear una hipótesis de ocurrencia.

La entrevista enfocada no nos permite demostrar la hipótesis, sino solamente plantearla; por eso, en el ejemplo del médico especialista buscando una dolencia en su paciente, la entrevista termina con la impresión diagnóstica para su respectivo caso, y digo impresión diagnóstica porque no es un diagnóstico definitivo. Esta sospecha tendrá que ser confirmada bajo otros métodos.

En el diseño de la validación de instrumentos, la entrevista enfocada se realiza después de la entrevista a profundidad y aquí el investigador se concentra en varios puntos, pero muy específicos. Me refiero a las palabras clave con las que había terminado la fase anterior; el entrevistador tiene una sospecha de la situación que desea descubrir, que es el concepto para el cual está construyendo el instrumento; se conocen los elementos que conforman el concepto analizado y se busca estas condiciones de manera sistemática en las personas que se van a entrevistando.

Aunque la libertad para formular preguntas está limitada a la lista de palabras clave que han sido recogidas previamente por el investigador, podemos ampliar los temas a conceptos relacionados.

En nuestro ejemplo acerca de la creación del instrumento para medir la adherencia terapéutica y la entrevista a profundidad con un listado de argumentos que los entrevistados refieren por los cuales no siguen su tratamiento, vamos a suponer que de todos los entrevistados hemos recogido una lista de cien argumentos. Encontraremos que muchos de ellos están repetidos y algunos de ellos son muy parecidos, como por ejemplo: no tengo dinero para comprar los medicamentos, no me alcanza para comprarlos o están muy caros.

Como podrás notar, todas estas respuestas están relacionadas al tema económico, por lo tanto, deberán reunirse en una sola palabra clave y enlistarse para la construcción de los ítems que conformarán el instrumento. Este listado de temas es el producto de la entrevista enfocada. En este momento el entrevistador conoce la lista de elementos que deben tocarse en la entrevista estructurada a partir de los resultados de este listado.

En la entrevista enfocada no partimos de un listado de preguntas, sino solamente de ideas sueltas, de conceptos que denominamos palabras clave; por ello, aún existe plena libertad para formular las preguntas, siempre que estén relacionadas a los conceptos que previamente se han establecido; estamos hablando claramente de un estudio que apunta a la creación de un instrumento.

Dentro de la validación de instrumentos, la entrevista enfocada no solamente se limita a la definición de las palabras clave, sino a la agrupación de las mismas en dimensiones. Por ejemplo, dentro del instrumento para medir el grado de adherencia terapéutica, podemos encontrar la dimensión económica relacionada al costo del tratamiento; en la dimensión familiar, podemos encontrar el desaliento familiar para continuar con el tratamiento; en la dimensión clínica, las molestias de los tratamientos; en la dimensión relacionada con la atención que perciben los pacientes, el trato impersonal.

Es decir, que las palabras clave deben agruparse en dimensiones que más adelante serán analizadas de manera cuantitativa con la ayuda de herramientas estadísticas para saber si la agrupación que hemos realizado se corrobora en una prueba piloto. Podríamos decir que la entrevista enfocada posee algún grado de estructuración, porque comenzamos a realizar esta tarea con un listado de tópicos o de temas que necesitamos tratar.

Esto es con la finalidad de no omitir aspectos importantes, aquí el investigador modifica a su criterio, la forma y el orden en que realiza la entrevista, y el producto de esta entrevista no es solamente un listado de palabras clave, sino también un planteamiento de la forma en que deberíamos agrupar sus ítems.

Es muy común confundir a la entrevista a profundidad y a la entrevista enfocada cuando de construir instrumentos se trata. Para ello vamos a plantear un ejemplo que los diferencie de manera clara, vamos a suponer que queremos construir un instrumento para evaluar las características o costumbres que tienen las mujeres de una región alto andina en el sur del Perú a la hora del parto.

Para esto nos vamos a remitir a la población altiplánica del sur del Perú, vamos a realizar una entrevista a profundidad a las mujeres parteras que atienden el parto de manera empírica. Estamos ubicados en una zona rural y muchas mujeres no atienden su parto en el hospital, no tienen una atención hospitalaria o institucional, y para ello necesitamos construir un instrumento que nos ayude a identificar las características de la atención del parto que a estas mujeres les gustaría tener.

Entonces, vamos a realizar una entrevista a las parteras, vamos a suponer que nos contactamos con una de ellas, le preguntamos cuáles son las costumbres que tienen las mujeres de esta región a la hora del parto y nos va a comenzar a enlistar una serie de enunciados y de respuestas.

Cuando sus respuestas se vuelvan repetitivas, dejamos de entrevistar a esta mujer y le pedimos que nos ponga en contacto con otra partera. A esta nueva partera le hacemos la misma pregunta, del mismo modo comenzamos a recolectar sus respuestas hasta que estas se vuelvan repetitivas con la entrevista realizada anteriormente. A esto se le denomina punto de saturación.

Finalmente, le pedimos que nos ponga en contacto con otra partera. A esta técnica se le denomina la bola de nieve. Enseguida procedemos a realizar la entrevista y comenzamos a recolectar un conjunto de respuestas, un conjunto de palabras clave que vamos a en enlistar hasta que estas se conviertan en repetitivas con las dos entrevistas anteriores. Cuando encontramos que estas mujeres no tienen más respuestas nuevas para nosotros, dejamos de realizar la entrevista a profundidad. El resultado final es un listado de palabras clave que hemos ido consignando con esta técnica de recolección de datos.

En un segundo momento vamos a revisar la entrevista enfocada, pero esta vez ya no a las parteras sino a las mujeres gestantes o a las madres de esta región, ya que ellas son las que tienen los partos y son ellas las que demuestran o exhiben las características o costumbres a la hora del parto. Pero esta vez partimos de un listado de palabras clave, tenemos un listado de temas que tenemos que preguntar y que está orientado para el trascurso de la entrevista.

Gracias a ello, iremos con un dato previo que nos ayudará a identificar si estas características que previamente hemos recolectado se encuentran o no a la población. A esta técnica se le denomina aproximación a la población y es utilizada con mucha frecuencia dentro de la creación de un instrumento, a través de la entrevista a los propios individuos que más adelante serán objeto de medición con el instrumento que en este momento estamos comenzando a crear. El resultado de esta estrategia será tener el listado de las palabras clave, además de tenerlas agrupadas en posibles dimensiones.

Presentación N° 8

La entrevista estructurada

Esta vez vamos a hablar de la entrevista estructurada. Recuerda que previamente hemos desarrollado la entrevista a profundidad y la entrevista enfocada. Si queremos colocar una cronología o un orden entre estas tres entrevistas, diríamos que en primer lugar y siguiendo nuestra línea de investigación se encuentra la entrevista a profundidad, enseguida tenemos a la entrevista enfocada y, finalmente, a la entrevista estructurada.

La entrevista estructurada, a diferencia de las otras dos, pone a prueba la hipótesis de que la característica buscada está presente en el sujeto evaluado. En la entrevista a profundidad el médico había descrito en el paciente un conjunto de síntomas referentes a una posible patología y decide remitirlo a un médico especialista, este ya no realiza una revisión holística de su paciente, sino que se enfoca en el posible diagnóstico y plantea la necesidad de demostrar su sospecha clínica. He ahí donde se encuentra la hipótesis con la que termina la estrategia anterior, la entrevista enfocada.

La estructuración corresponde a un algoritmo diagnóstico conformado por un conjunto de signos y síntomas que el paciente debería presentar si tuviese la enfermedad; al especialista no se le puede escapar ningún síntoma porque ha formulado una hipótesis: el paciente tiene una determinada enfermedad. Todos los esfuerzos que se realizan a partir de este punto apuntan a tratar de demostrar la presencia de la enfermedad.

La entrevista estructurada parte de una sospecha clínica y concluye con la confirmación o el descarte de la enfermedad que se está buscando. En una entrevista estructurada se cuenta con una guía de entrevista y es rígidamente estandarizada porque parte de un concepto de un presupuesto de algo que se supone que está presente; el objeto de estudio ya se encuentra caracterizado y consiste en proporcionar un número fijo de preguntas predeterminadas en su formulación y secuencia.

La entrevista es estructurada únicamente si nos ayuda a llegar a un diagnóstico. Lo que realmente le da la característica de ser estructurada no es cuán definida se encuentra en su contenido o en su interior, sino si realmente nos ayuda a llegar a un diagnóstico, a una conclusión.

Casi siempre los pacientes requieren de una evaluación clínica, y en la mayoría de los casos se necesita de la aplicación de métodos auxiliares; la diferencia con la entrevista enfocada es que esta se inicia con un listado de temas, mientras que la entrevista estructurada se inicia con un listado de preguntas que son inmodificables, esta vez tenemos la estructura completa de lo que tenemos que preguntar, lo que no tenemos es la estructura de las respuestas que vamos a recibir.

En algunos casos tenemos identificadas posibles respuestas, entonces, nuestro formato de entrevista contará con preguntas semicerradas, es decir, algunas alternativas con algunas opciones pero también teniendo la posibilidad de agregar una alternativa que no esté contemplada previamente por el investigador o por las entrevistas realizadas anteriormente; esto realmente resulta más fácil de manejar y administrar porque es más objetivo.

En la entrevista estructurada, el investigador sólo puede formular preguntas que amplíen la información proporcionada, ya no puede darse la licencia de generar preguntas que no estén previamente en este listado; por esta razón, podemos decir que la entrevista estructurada es más técnica que arte, permite uniformizar las respuestas, es semicuantitativa por lo que permite hacer comparaciones entre individuos y realmente poner a prueba verdaderas hipótesis.

Una entrevista estructurada, por ejemplo, es un examen oral con preguntas predeterminadas que un docente administra a sus alumnos, entonces, se requiere realmente de poco entrenamiento por parte del investigador.

De manera que un docente A podría sustituir a un docente B en la evaluación de su asignatura, siempre y cuando sean del mismo curso o de la misma asignatura; en este caso, la entrevista estructurada pone a prueba hipótesis de que el alumno está aprobado o desaprobado, la conclusión final será si aprobamos o no al alumno; en el campo de la salud, si tiene o no tiene una enfermedad. El resultado de la entrevista estructurada es llegar a esta conclusión, es tener ya un resultado definitivo.

La entrevista estructurada es semicuantitativa porque un docente luego de evaluar a dos alumnos puede discernir cuál de ellos tiene un mejor rendimiento académico o ha tenido por lo menos una mejor experiencia de aprendizaje.

Dentro del marco de la validación de instrumentos, el producto de la entrevista estructurada es un cuestionario que cuenta con validez de contenido, es decir, que hasta este momento ya tendríamos el instrumento, por lo menos, elaborado y que tendría que ser sometido, más adelante, en los diferentes niveles de la validación de instrumentos a la evaluación de sus propiedades métricas.

Un instrumento que cuenta con validez de contenido mide lo que debe medir; por lo tanto, hasta aquí podríamos decir que ya tenemos un instrumento, aunque, como acabo de mencionar, no sabemos de sus propiedades métricas porque esto corresponde a la fase cuantitativa de esta línea de investigación denominada creación y validación de un instrumento.

En la entrevista estructurada, la rigidez es una característica de las preguntas, mas no de las respuestas. Esto implica una gran economía de tiempo porque estamos pensando en la elaboración de un cuestionario, de un verdadero instrumento que más adelante será aplicado mediante la técnica de recolección de datos denominada encuesta.

Si el investigador no elabora un instrumento, él tendría que realizar las entrevistas y esto consume realmente una gran cantidad de tiempo; mientras que si elabora un instrumento, un cuestionario, podría aplicar este cuestionario de manera masiva a la población a la cual pretende medir. La entrevista es una herramienta privilegiada en el área de la psiquiatría, donde el especialista, siguiendo un lineamiento de criterios diagnósticos, determina si el paciente es portador o no de una patología.

A diferencia de otras especialidades, en la psiquiatría es posible llegar a un diagnóstico únicamente mediante una entrevista; en cambio, en otros campos o en otras especialidades de la medicina, la entrevista puede ser insuficiente para concluir con la existencia o descarte de una enfermedad en un determinado paciente. Sin embargo, colocamos el ejemplo de la entrevista como método diagnóstico, porque sí es posible, en algunas situaciones, hacer diagnósticos únicamente con entrevistas.

Por otro lado, en las ciencias sociales, la entrevista es una herramienta cotidiana porque la mayoría de las investigaciones se permite poner a prueba hipótesis a partir de las cuales toman una decisión: aceptar o negar una proposición.

Por esta razón, a la entrevista se le conoce también como técnica de investigación social, porque realmente es donde se hace un uso más amplio de esta técnica de recolección de datos; de hecho, la medicina ha tomado mucho de la metodología que se aplica en el campo de las ciencias sociales para utilizar esta técnica de recolección de datos en el campo investigativo.

Es posible que estos tres tipos de entrevistas se realicen en secuencia, como es el caso de la validación de instrumentos o el diagnóstico médico de enfermedades clínicamente demostrables. En otros casos, se pueden aplicar de manera aislada según las necesidades del investigador dentro de su línea de investigación.

La entrevista es una técnica de recolección de datos denominada comunicacional, donde también encontramos a la encuesta y a la psicometría, esto es porque para poder obtener el resultado o la respuesta de un individuo se necesita de su colaboración, se necesita que nos dé realmente esta respuesta. Estas tres técnicas de recolección de datos se pueden utilizar únicamente cuando la unidad de estudio es un individuo, podríamos incluso hacer un orden o plantear una jerarquía entre la entrevista, la encuesta y la psicometría.

Colocamos en primer lugar a la entrevista, por ser una técnica cualitativa y que si bien puede poner a prueba hipótesis, lo hace únicamente a nivel de un individuo, no lo puede hacer nivel de poblaciones, puede dar el diagnóstico de un paciente, por ejemplo, y que puede ser muy útil únicamente para ese caso.

Cuando queremos hacer estudios sobre poblaciones, sobre grupos masivos, sobre un gran conjunto de individuos, tal vez sea necesario aplicar la técnica de la encuesta porque en esta existe un instrumento que permite reemplazar al entrevistador, que en este caso es el investigador. En la encuesta, el encuestador no necesariamente es el investigador. El investigador es el que construye la encuesta y el encuestador es un colaborador que aplica la encuesta a los encuestados.

Más adelante encontramos a la psicometría, que requiere de un instrumento completamente validado. El valor de la entrevista es suministrar un instrumento con validez de contenido para continuar con la siguiente técnica de recolección de datos denominada encuesta.

Presentación N° 9

La encuesta como técnica cuantitativa

La encuesta se caracteriza por la presencia de un instrumento, esta es la principal característica que lo diferencia de la entrevista. En la entrevista, el instrumento es el investigador o entrevistador, que dicho sea de paso tiene que ser la misma persona; en cambio, en la encuesta el investigador podría ser una persona distinta del encuestador.

La tarea del investigador es construir el instrumento; el encuestador es, únicamente, un colaborador. Esta diferencia hace que nos enfoquemos en distintos niveles investigativos, por ejemplo, la entrevista es una técnica de recolección de datos cualitativa, mientras que la encuesta es una técnica de recolección de datos cuantitativa.

Los elementos que conforman la encuesta, que vienen a ser las preguntas en un cuestionario, son denominados reactivos porque buscan conocer la reacción del evaluado, que siempre es una persona, al igual de lo que ocurre en la entrevista. Recuerda que en investigación la unidad de estudio puede ser un sujeto o un objeto.

Como en la entrevista, la encuesta y la psicometría la unidad de estudio siempre es un sujeto, estas tres técnicas son difundidas ampliamente tanto en las ciencias de la salud como en las ciencias sociales. De hecho, más en las ciencias sociales que en el campo de la salud, porque en las ciencias sociales lo que habitualmente se evalúan son variables subjetivas, que corresponden a conductas o comportamientos de individuos o de comunidades.

Cuando ejecutamos una encuesta hay conciencia de evaluación en el encuestado, de manera que habrá que contar con el consentimiento del evaluado, con el consentimiento informado, pero este consentimiento no necesariamente es escrito y firmado, puesto que el hecho de obtener las respuestas de un encuestado implica ya que se está dando su consentimiento; si no tuviéramos el consentimiento del encuestado, él no hubiese respondido las preguntas que le estamos ejecutando.

No necesitamos tener un consentimiento firmado y con ello no estamos infringiendo las normas éticas, por cuanto no estamos sometiendo al encuestado a un riesgo para su salud al momento de realizarle una encuesta. Por supuesto, si queremos cumplir otras normas éticas al momento de la publicación, por ejemplo, no podemos incluir datos que permitan la identificación del encuestado, ya sea números de identificación de su documento nacional de identificación, número del seguro social, números telefónicos o correos electrónicos.

El instrumento que utilizamos en una encuesta siempre es de tipo documental y puede ser entregado al encuestado para que este lo desarrolle de manera asincrónica, es decir, que se lo podemos dar para que se lo lleve su casa, lo puede desarrollar en su momento libre e incluso podría ser enviado a través del correo electrónico.

No existe un parámetro de tiempo para conocer sus reacciones y no existen requisitos ni condiciones para su administración en el campo de las ciencias de la educación. Esta podría ser una perfecta forma de evaluar las experiencias de aprendizaje de los alumnos; de hecho, es una de las formas en que evaluamos los resultados de nuestros programas de entrenamiento, que es muy distinto a una evaluación presencial porque en esta les damos la misma cantidad de tiempo a cada uno de los alumnos y todos lo hacen a una determinada hora.

En cambio, cuando una evaluación es asincrónica cada quien se toma su propio tiempo, cada quien lo hace en el momento que tenga tiempo disponible y según sus propias condiciones, no hay parámetros específicos para realizar este tipo de encuestas.

Recuerda que la evaluación de las experiencias de aprendizaje que se hace a través de instrumentos documentales denominados exámenes, es realmente una encuesta. Por otro lado, la encuesta puede emplear un instrumento autoadministrado si el individuo completa los reactivos sin ayuda externa, y heteroadministrado cuando existe un encuestador o un administrador del instrumento.

La encuesta que cuenta con un instrumento heteroadministrado tiene requisitos y condiciones. Una de ellos puede ser que tiene que ser desarrollado por un periodo de tiempo determinado, a una determinada hora del día, y también se utiliza cuando nos queremos asegurar de que el encuestado no tenga apoyo por parte de otras personas en el momento de resolver el cuestionario.

El ejemplo más claro de encuesta heteroadministrada es cuando un profesor toma un examen a sus alumnos; se supone que quiere evaluar el rendimiento académico de los estudiantes y decide plantear 20 preguntas con sus respectivas alternativas, y lo plasma en un documento, a esto se le denomina cuestionario, y la técnica de recolección de datos aplicada se denomina encuesta, variedad heteroadministrada.

Si bien el docente no les lee las preguntas a sus encuestados, sí les pone condiciones para el desarrollo, debido a que se requiere la presencia del evaluador. A este tipo de encuestas se le denomina sincrónica porque todos están ejecutando esta evaluación al mismo tiempo y de alguna manera están siendo vigilados por el administrador de la encuesta, por el profesor, para que no reciban ayuda externa de ningún tipo, y las unidades de estudio, que son los alumnos, se encuentren en las mismas condiciones.

El encuestador no necesariamente es el investigador y esto es una ventaja de la encuesta sobre la entrevista, porque lo convierte en una técnica de recolección de datos cuantitativa. El encuestador, además, no necesariamente debe pertenecer a la línea de investigación. La encuesta heteroadministrada puede ser administrada perfectamente por un colaborador, como cuando un profesor colabora con su colega y le ayuda a tomar un examen a los alumnos que no forman parte de su materia.

Entonces, si el investigador no necesariamente debe estar presente para realizar las mediciones, su labor, su verdadera labor, consiste en construir el instrumento y esto lo hace aplicando o echando mano de técnicas de recolección de datos más básicas como, por ejemplo, la entrevista.

Podríamos decir que, dentro del camino que debemos recorrer en una línea de investigación, la encuesta es una técnica de recolección de datos más avanzada que la entrevista; que una encuesta es el paso siguiente de una entrevista, es la evolución de la entrevista, porque aquí ya no será necesaria la presencia del investigador, de la persona que creó la encuesta para realizar las mediciones, sino que pueden ser los colaboradores los que ejecuten la medición, los que administren la encuesta hacia las unidades de estudio.

Por estas condiciones, precisamente, la encuesta implica una gran economía de tiempo porque tenemos la posibilidad de considerar encuestadores o colaboradores. Las empresas encuestadoras, que hacen sondeos de opinión, por ejemplo, utilizan un instrumento heteroadministrado, dirigido a la población a través de encuestadores y no necesariamente el que dirige la encuesta (me refiero al investigador) tiene que estar presente o en contacto con los encuestados. Esto es una ventaja para realizar investigación multidisciplinaria.

Vamos a suponer que quieres realizar un estudio de correlación entre elrendimiento académico de los estudiantes y los niveles de depresión en los mismos estudiantes. Fíjate que aquí hay dos variables analíticas: el rendimiento académico pertenece al campo de las ciencias de la educación y los niveles de depresión pertenece al campo de las ciencias de la salud. Este estudio bien podría realizarse por un profesional de las ciencias de la educación o por uno de las ciencias de la salud.

Vamos a suponer que lo hará un profesional de las ciencias de la salud, entonces, el rendimiento académico no pertenece a su línea de investigación, pertenece a un campo totalmente distinto; de tal modo que necesitaríamos que los instrumentos que evalúan el rendimiento académico fuesen construidos y validados por los especialistas de ese campo.

Ahora, en una segunda situación, si el estudio de correlación entre el rendimiento académico y los niveles de depresión es ejecutado por un profesional de las ciencias de la educación, entonces, la variable depresión podría ser medida por un instrumento construido por un profesional de las ciencias de la salud, pero aplicado por un profesional de las ciencias de la educación.

De esta forma se resuelve el problema de que el investigador está tomando dos temas que pertenecen a dos campos distintos del conocimiento, a esto se le denomina investigación multidisciplinaria, que en los últimos años está siendo muy difundida y desarrollada. Contar con un instrumento validado es útil para resolver este tipo de situaciones.

Habíamos dicho que la entrevista termina con un instrumento que cuenta con validez de contenido, por lo tanto, para realizar una encuesta, por lo menos, debemos tener un instrumento que cuente con esta validez; y podría tener, además, validez de criterio, de constructo, de estabilidad o incluso podría estar optimizado. Si eso es así, si el instrumento está optimizado, podríamos aplicar la psicometría.

Presentación N° 10

La psicometría y el estudio multidisciplinario

Cuando escuchamos la palabra psicometría, se nos viene inmediatamente a la mente, porque así nos han programado, que podría ser una técnica de la psicología y este es realmente su origen; sin embargo, no es el único campo del conocimiento donde es posible aplicarlo. De hecho, se puede aplicar en cualquier campo del conocimiento, veamos en qué consiste.

La psicometría es una técnica de recolección de datos que fue desarrollada por los investigadores de las ciencias del comportamiento, pero, como dije bien, puede aplicarse a diversas áreas del conocimiento, como para medir la satisfacción del cliente o para conocer el índice de actividad física que realizan las personas; pertenece a la tercera técnica de recolección de datos de las denominadas comunicacionales, que incluye, además, a la entrevista y a la encuesta. Hay una relación de jerarquía entre estas tres técnicas de recolección de datos y que tienen como elemento común al instrumento.

Dentro de la validación de instrumentos, existe una primera fase denominada validez de contenido, que consiste en la creación de instrumentos.

Pues bien, la entrevista se encarga de esta primera fase de la creación del instrumento, enseguida habrá que realizar una serie de pruebas piloto para evaluar las propiedades métricas de este instrumento y para ello echamos mano de la técnica de recolección de datos denominada encuesta; de hecho, la encuesta se puede utilizar no solamente para validar instrumentos, sino para realizar verdaderas mediciones en la población, por cuanto se trata de una técnica de recolección de datos cuantitativa.

Sin embargo, para poder ejecutar la psicometría, se requiere de un instrumento completamente validado que haya pasado por las seis fases o niveles de la validación de instrumentos, hasta la optimización del mismo, sólo así podremos aplicar la técnica de la psicometría.

En la psicometría, al igual que la encuesta, no se requiere que el investigador pertenezca a la línea de investigación que se está desarrollando. Primero porque los instrumentos son autoadministrables y, segundo, porque incluso el evaluador se podría permitir prescindir de la persona que creó el instrumento.

Comoquiera que el instrumento está plenamente validado, existe un algoritmo que nos permite realizar su calificación en ausencia del creador del instrumento, es decir, que el instrumento mismo es capaz de realizar mediciones y que incluso una misma persona podría autoaplicarse el instrumento y también podría autocalificarse.

En la psicometría, si estamos desarrollando un estudio con dos variables de interés y solamente una de ellas pertenece a nuestra línea de investigación, podemos utilizar esta técnica de recolección de datos para conocer el resultado de la otra variable, de aquella que no pertenece a nuestra línea de investigación. Esta es una ventaja importante para el desarrollo de investigación multidisciplinaria.

Por supuesto, también podemos colocar el ejemplo del estudio de la influencia de la depresión en el rendimiento académico de los alumnos: la variable de estudio es la variable dependiente, la variable que marca la línea de investigación; en este estudio de la influencia, el rendimiento académico es la variable de estudio, pero este docente, este investigador, quiere saber si la depresión influye en el rendimiento académico.

Debido a que la depresión no se encuentra en su campo del conocimiento, podría recurrir a la utilización de un instrumento que esté previamente validado como, por ejemplo, un test para evaluar la depresión, y aplicar la técnica de recolección de datos denominada psicometría para conocer los resultados de los niveles de depresión en los estudiantes, en las unidades de estudio.

El investigador, que no pertenece al campo del conocimiento, necesita conseguir un instrumento que le permita medir esta variable denominada depresión; por ello, no necesariamente tendría que ser un psiquiatra, que es el que construye este instrumento para medir la depresión; pero una vez que están construidos ya no es necesario que se hagan presentes para realizar estudios de tamizaje, screening o despistaje.

Una vez que se recolecta la información con este instrumento, el docente que no es psiquiatra puede utilizar los criterios señalados dentro del manual del instrumento que ha sido proporcionado por su creador para calificar al evaluado y saber si tiene o no depresión.

En ningún momento se necesitó del especialista, ni para la toma de datos ni para la calificación del instrumento. Entonces, la psicometría es útil para evaluar variables fuera de nuestro campo del conocimiento, esa es una de sus ventajas más importantes, además de que todas las evaluaciones son asincrónicas, es decir, el instrumento está diseñado de tal modo que no puede ser influenciado por elementos externos.

La psicometría siempre es utilizada en los estudios cuantitativos con la finalidad de cuantificar los resultados y de no requerir del especialista que creó el instrumento cuando evaluamos una variable que no pertenece a nuestra línea de investigación.

Evidentemente, el instrumento que vamos a utilizar en este punto tiene que estar previamente validado y quien válida un instrumento sí tiene que ser un experto dentro de su línea de investigación.

Las técnicas de recolección de datos que necesitan de un instrumento documental son la encuesta y la psicometría; la encuesta necesita un instrumento, por lo menos, con validez de contenido y podría estar validado en cualquier grado; mientras que la psicometría necesita un instrumento 100% validado.

Las técnicas comunicativas o comunicacionales son la entrevista, la encuesta y la psicometría, por esta razón, se puede aplicar únicamente a individuos, a seres humanos, a personas, pacientes o usuarios, porque es la única forma de obtener una respuesta a partir del evaluado, a partir de su comunicación, ya sea a través del medio oral o del escrito.

Un ejemplo clásico de la aplicación de esta técnica de recolección de datos es cuando vamos a solicitar nuestra licencia de conducir; en la mayoría de los países, para obtener esta licencia primero nos toman una evaluación teórica y luego una evaluación práctica, me voy a referir exclusivamente a la evaluación teórica: nos sientan enfrente de un computador, el cual nos suministra un conjunto de preguntas con sus respectivas alternativas, estas preguntas, por supuesto, se presentan de manera aleatoria de un banco de preguntas.

Vamos a suponer que el banco tenga 500 preguntas, pero a nosotros únicamente nos suministran 20, el grado de complejidad de cada pregunta ha sido evaluado por cuanto el instrumento cuenta con validez o ha pasado por la validación de instrumentos, entonces, vamos a responder cada una de estas preguntas de una en una, y el sistema nos ira suministrando una pregunta adicional cada vez que respondamos; al final, una vez que se nos ha vencido el tiempo o que hemos respondido todas las preguntas, el sistema, de manera automática, nos arroja un resultado final que será un calificativo de aprobado o desaprobado.

Esto lo hace a partir de un algoritmo que está insertado en el programa y que ha sido suministrado por el creador del instrumento, de tal modo que no se necesita su presencia, ni siquiera se necesita la presencia de un encuestador o de un colaborador, sino que lo podemos hacer directamente con un computador.

Esta respuesta, este calificativo que nos entrega de aprobado o desaprobado es realmente un diagnóstico, porque si no aprobamos el examen teórico probablemente ni siquiera nos dejen pasar a la segunda fase, el examen práctico. Esta es la técnica de la psicometría

¿Podemos aplicar esta misma técnica a otros contextos, es decir, a la evaluación de los estudiantes en el campo de la ciencias de la educación? Sí, siempre que controlemos la forma de suministrar la respuestas por parte de los evaluados, porque si los alumnos tienen apoyo externo, vamos a suponer que dieran sus exámenes desde su casa, podrían buscar las respuestas a las preguntas en los navegadores de Internet.

Sin embargo, para solucionar esta situación no tendríamos que ejecutar preguntas de corte teórico, sino preguntas relacionadas al proceso creativo, que impliquen razonar a partir de los conceptos emitidos; de esta forma, realmente estaremos evaluando sus experiencias de aprendizaje y no meros datos teóricos ni memorísticos, que era la forma de evaluar en el pasado.

En consecuencia, sí es posible aplicar y rescatar a esta muy útil técnica de recolección de datos para conocer los resultados de las experiencias de aprendizaje de nuestros estudiantes. Por supuesto, hay un sinfín de estrategias para evitar que los alumnos se copien entre ellos al momento en que rinden sus exámenes, incluso si están frente a sus computadores o si están al costado con sus compañeros, pero esto pertenece a otro tema que son las estrategias de evaluación.

ACERCA DEL AUTOR

El Dr. José Supo es Médico Bioestadistico, Doctor en Salud Pública, director de www.bioestadístico.com y autor del libro "Seminarios de Investigación Científica".

Programas de entrenamiento desarrollados por el autor:

1. Análisis de Datos Aplicado a la Investigación Científica

2. Seminarios de Investigación para la Producción Científica

3. Validación de Instrumentos de Medición Documentales

4. Técnicas de Muestreo Estadístico en Investigación

5. Taller de tesis: Desarrollo del Proyecto e Informe Final

6. Análisis Multivariado - Diseños Experimentales

7. Análisis de Datos Categóricos y Regresiones Logísticas

8. Técnicas de análisis Predictivos y Modelos de Regresión

9. Control de Calidad: Análisis del Proceso, Resultado e Impacto

10. Minería de Datos para la Investigación Científica.

11. Entrenamiento para Tutores, Jurados y Asesores de tesis

12. Herramientas para la Redacción y Publicación Científica

MÁS SOBRE EL AUTOR

El Dr. José Supo es conferencista en métodos de investigación científica, entrenador en análisis de datos aplicado a la investigación científica y desarrolla talleres sobre los siguientes temas:

Libros y audiolibros publicados por el autor:

1. Cómo empezar una tesis
2. Cómo ser un tutor de tesis
3. Cómo asesorar una tesis
4. Cómo evaluar una tesis
5. El propósito de la investigación
6. Las variables analíticas
7. Cómo elegir una muestra
8. Cómo validar un instrumento
9. Cómo probar una hipótesis
10. Cómo se elige una prueba estadística
11. Validación de pruebas diagnósticas
12. Técnicas de recolección de datos

¿Quieres saber más?

www.SeminariosdeInvestigacion.com